Andreas Behninger

Potentiale und Risiken von Zukunftstechnologien

GRIN Verlag

Bibliografische Information der Deutschen Nationalbibliothek:

Die Deutsche Bibliothek verzeichnet diese Publikation in der Deutschen National-
bibliografie; detaillierte bibliografische Daten sind im Internet über http://dnb.d-
nb.de/ abrufbar.

Impressum:

Copyright © 2012 GRIN Verlag GmbH
Druck und Bindung: Books on Demand GmbH, Norderstedt Germany
ISBN: 978-3-656-35971-5

Dieses Buch bei GRIN:

http://www.grin.com/de/e-book/208422/potentiale-und-risiken-von-zukunftstech-
nologien

Universität Augsburg

Fakultät für Angewandte Informatik

Institut für Geographie

Institut für Geographie

Potentiale und Risiken von

Zukunftstechnologien

Oberseminar Ressourcenmanagement 2 (WS 2011/2012)

Name: Behninger, Andreas

Bachelor of Science, Geographie; 4. Semester

Abgabetermin: 30.03.2012

Inhaltsverzeichnis

Abbildungsverzeichnis

Tabellenverzeichnis

1 Technologiegeschichte und Ausblick

„Die Technik, welche weder gut noch böse ist, ist ohne Bezug zur Moral. Die Moral steckt nicht in dem Hammer, sondern in dem Menschen, der ihn führt. Die Technik bedarf einer moralischen Instanz, welche eine Kontrolle über ihre Anwendung zum Nutzen des Menschen ausübt." (Peter Bamm)(VNR Verlag für die Deutsche Wirtschaft AG (2012))

Peter Bamm stellt in seinem Zitat über die Technologie fest, dass die Dichotomie der Technologien zwischen Gut (Potential) und Böse (Risiko) nicht von der Technik an sich ausgeht, sondern durch die Gesellschaft, die versucht, sie zu beherrschen, bestimmt wird.

Die Vergangenheit zeigte jedoch, dass die Gesellschaft die Macht mancher Technologien unterschätzt hat und manche Regulationen unzureichend waren. Seien es kleine Unglücke wie der Absturz des Hindenburg-Zeppelins oder größere Katastrophen wie die atomaren GAUs in Tschernobyl und Fukushima. Das Potential mancher Technologien scheint zu verlockend, um die Risiken gewissenhaft abzuwägen. Doch wie soll man in Zukunft mit Technologien umgehen?

Seit Jahrhunderten entwickeln sich Gesellschaften durch innovatives Handeln. Wurde in der Steinzeit noch eine eher primitive (und dennoch bahnbrechende) Erfindung wie das Rad entdeckt, werden heutige Innovationen immer spezieller und komplizierter. Die Innovationen der letzten 200-250 Jahre werden in den sog. Kondratieff-Zyklen (siehe Abb. 1) zusammengefasst. Diese nach dem russischen Wirtschaftswissenschaftler Nikolai D. Kondratieff benannten Zyklen beschreiben Innovationen (Basisinnovationen), die tiefgreifende Veränderungen in Wirtschaft und Gesellschaft auslösen und die Innovationen der nächsten 50-60 Jahren bestimmen (Bundeszentrale für politische Bildung 2009).

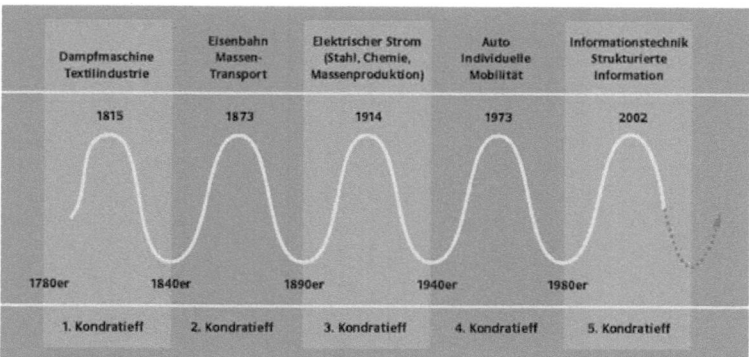

Abb. 1: Kondratieff-Zyklen (Bundesministerium für Sicherheit und Informationstechnik 2003)

Jeder Zyklus erfährt einen Boom, nach dem diese Technologie langsam an Bedeutung verliert und einer zukünftigen Basisinnovation weichen muss.

Die gegenwärtige Wirtschaft und Gesellschaft wird derzeit durch den 5. Zyklus, die Informationstechnik, geprägt. Doch diese Periode neigt sich dem Ende zu! (Bundesministerium für Sicherheit und Informationstechnik 2003)

Welche Technologie löst diese ab? Durch welche Technologie wird unser Leben in 10 oder 20 Jahren bestimmt? Während der derzeitige Zyklus unter dem Leitbild der Information steht, wird im 6. Zyklus nach Expertenmeinungen v.a. das Thema Gesundheit eine entscheidende Rolle spielen. 2 Technologien könnten hier besonders in den Vordergrund treten: die Nanotechnologie und die Biotechnologie. Beide Technologien besitzen ein enormes medizinisches Potential, doch auch andere Bereiche des Lebens könnten dadurch beeinflusst werden. (Bundesministerium für Bildung und Forschung 2011a; Nefiodow 2010) Diese Beeinflussungen des Alltages könnten allerdings nicht nur positiv ausfallen, sondern auch gefährliche Ausmaße annehmen und somit ein Risiko für die Gesellschaft darstellen. (Ministerium für Ländlichen Raum und Verbraucherschutz Baden- Württemberg 2011)

Im Folgenden sollen Einblicke in die zwei o.g. Technologien (Nano- bzw. Biotechnologie) aufgezeigt werden. Nach einer kurzen Vorstellung soll v.a. auf das Potential und das Risiko, das von der jeweiligen Technologie in Zukunft ausgeht, eingegangen werden. Allerdings sollte beachtet werden, dass aufgrund der breiten Anwendungsfelder dieser Technologien kein kompletter Überblick, sondern nur ein Einblick gegeben werden kann. Hierauf wird der gesellschaftliche Aspekt näher betrachtet, wobei man den Blick auf die öffentliche Wahrnehmung bezüglich der Nanotechnologie und der roten Biotechnologie wirft, welche besonders durch moralethische Belange gekennzeichnet ist. Abschliessend soll auf das anfangs erwähnte Zitat von Peter Bamm eingegangen werden und anhand dessen ein persönliches Fazit gezogen werden, wie man in Zukunft mit der Nano- bzw. Biotechnologie oder allgemein Zukunftstechnologien umgehen könnte/sollte.

2 Nanotechnologie

Der Begriff Nanotechnologie ist sehr schwer zu definieren, da er nicht ein einzelnes geschlossenes Arbeitsfeld umfasst, sondern als Querschnittstechnologie angesehen werden kann, die sich aus unterschiedlichen Disziplinen wie Physik, Chemie und Biologie zusammensetzt. Dabei werden Materialien untersucht, die kleiner als 100nm sind und inwiefern sie sich in Produktionsschritten als nützliche Komponenten erweisen. Um sich diese Dimension vorzustellen: Würde man jeden Menschen, der 2005 auf der Erde lebte auf einen Nanometer verkleinern, könnte man alle Personen ohne Probleme in einem Reiskorn unterbringen. (Bentz 2011, S. 11) Durch diese neu entdeckte Dimension (kleiner als Mikrotechnologie) erhofft man sich, neue Strukturen und Techniken zu erschliessen, die in Wirtschaft und Gesellschaft von großem Nutzen sein könnten. (Bundesministerium für Ernährung, Landwirtschaft und Verbraucherschutz 2012)

Um sich den Vorwurf der Beliebigkeit einer Technologie auszusetzen, versuchte man, 1998 im Rahmen der National Nanotechnology Initiative (NNI) in den USA eine Definition aufzustellen, die sich folgendermaßen zusammensetzt (Bentz 2011, S.13):

1. Nanotechnologie beinhaltet Forschung und Entwicklung im Bereich von einem Nanometer (1nm) bis 100nm.

2. Nanotechnologie schafft und arbeitet mit Strukturen, die aufgrund ihrer Größe neuartige Eigenschaften besitzen.

3. Nanotechnologie gründet sich auf das Kontrollieren und Manipulieren von Teilchen auf atomarer Ebene. (Bentz 2011, S. 14)

2.1 Potentiale der Nanotechnologie

„Die Nanotechnologie wird unser Leben in nicht geringerem Maße revolutionieren als es die Mikroelektronik im letzten halben Jahrhundert getan hat. Nur die, die sich jetzt engagieren, werden diejenigen sein, die die zukünftige Entwicklung bestimmen. Lasst uns die Chance ergreifen!" (Heinrich Rohrer) (Scherzberg & Wendorff 2008, S. 8)

Für den aus der Schweiz stammenden Nobelpreisträger Heinrich Rohrer, aber auch für viele andere Visionäre besitzt die Nanotechnologie das Potential für eine weitere industrielle Revolution in unserer Gesellschaft. Selbst das Bundesministerium für Bildung und Forschung steht dieser Technologie hoffnungsvoll gegenüber und betont immer wieder die Zukunftsfähigkeit dieses Zweiges. (Scherzberg & Wendorff, S. 8)

In der folgenden Ausarbeitung der Potentiale, die die Nanotechnologie mit sich bringt können nur wenige Teilaspekte betrachtet werden, obwohl die Potentiale nahezu unerschöpflich sind. Dabei werden v.a. medizinische, materialspezifische, energetische und den Umweltschutz betreffende Aspekte näher erläutert.

2.1.1 Medizinisches Potential

Isaac Asimovs Roman „Fantastic Voyage" aus dem Jahr 1966 eröffnete schon damals eine Zukunftsvision, wie die kommende medizinische Versorgung aussehen könnte: verkleinerte Menschen gleiten in Mini-U-Booten und Nanorobotern durch menschliche Blutgefässe, um dort Krankheiten zu heilen. Vor fast 50 Jahren war dies eine utopische Vorstellung ähnlich jener vor 100 Jahren, man könne zum Mond gelangen. Doch diese Vision sollte sich als realisierbar darstellen, wenn auch keine Miniaturmenschen die Arbeit übernehmen sollen, sondern ferngesteuerte Nanoroboter. Aber die Vision scheint Wirklichkeit zu werden! (Ben et al. 2010, S. 129ff.)

Forscher der Harvard University haben einen Nanoroboter (siehe Abb. 2) entwickelt, welcher eine Größe von 35-45nm und die Form eines Käfigs besitzt und gezielt Krebszellen angreift! Die Roboter sind so „programmiert", dass sie jede Oberfläche einer Zelle (bei Krebspatienten Krebszellen) erkennen und sich dort festsetzen können. Beim Andocken an die betroffene Stelle konfiguriert sich der Nanoroboter neu und sendet gewünschte Wirkstoffe an eine bestimmte Stelle im Körper. Z.B. molekulare Botenstoffe,

 die das gestörte Verhalten von Krebszellen unter Kontrolle halten, indem sie das „Selbstmordprogramm" dieser Zellen wieder aktivieren. Geglückte Versuche bei Leukämie- und Lymphomzellen wurden bereits bekanntgegeben. Zwar wurde diese Methode erst im Labor untersucht, doch die nächste Stufe besteht darin, diese Art der Behandlung an Lebewesen (Tieren) zu testen. Die Forscher versuchen fieberhaft, die Methode auch bei Menschen anzuwenden und falls dies gelingt, wäre dies eine bahnbrechende Erfindung in der Krebstherapie und könnte somit Millionen von Menschen einen Vorteil bringen. (Focus Online 2012)

Abb. 2: Nanoroboter mit Wirkstoffen (Focus Online 2012)

Ein weiteres vielversprechendes Verfahren in der Krebstherapie, welches auf Nanotechnologie basiert, ist das sog. Hyperthermieverfahren. Da Tumorgewebe empfindlicher auf erhöhte Temperaturen reagiert als herkömmliches Gewebe, versucht man, mit lokaler Temperatursteigerung gezielt erkranktes Gewebe zu zerstören. Hierbei werden Eisenoxidpartikel in Nanometergröße in das Tumorgewebe injiziert und mittels elektromagnetischer Wechselfelder erhitzt, wobei kein gesundes Gewebe zerstört werden soll, sondern nur das Krebsgewebe. Bei Temperaturen von 44-46° C wird das Gewebe soweit geschwächt, dass es in Verbindung mit einer Chemotherapie signifikante Verbesserungen bei Krebspatienten mit sich brachte. Dies beweist eine vom Berliner Unternehmen „MagForce Nanotechnologies AG" durchgeführte Studie an Patienten, die an einem Gehirntumor litten. Die Überlebenszeit dieser Patienten war signifikant höher als bei unbehandelten Patienten. (Fauth 2009)

2.1.2 Material- und Ressourcenpotential

In den Materialwissenschaften erfährt in letzter Zeit ein nanobasiertes Material enorm viel Aufmerksamkeit: Kohlenstoffnanoröhren (Carbon Nanotubes, CNT)(siehe Abb. 3). Diese könnten sich im Rahmen der Ressourcenknappheit als eines der wichtigsten Materialien des 21. Jahrhunderts herauskristallisieren. Sie bestehen aus einer Art graphithaltigem Kohlenstoff und weisen, wie der Name schon sagt, eine geringe Größe von unter 100nm auf. Obwohl sie bereits 1991 von Sumio Iijima entdeckt wurden, sind die Potentiale bis heute noch nicht einmal annähernd im vollen Umfang erforscht und man erhofft sich in der Werkstofftechnologie ungeahnte Möglichkeiten. Bereits bestehende Erkenntnisse befeuern diese Hoffnungen! Man unterscheidet zwischen einwandigen und mehrwandigen Nanoröhrchen, wobei jedes dieser Röhrchen im Gegensatz zum

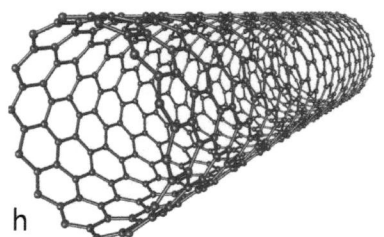

kristallinen Diamant (ebenfalls Kohlenstoffprodukt) flexibel ist. Die Eigenschaften sind vielseitig. U.a. kann man hier die elektrischen Eigenschaften erwähnen (hohe Stromdichte, hohe Leitfähigkeit etc.), welche manche Wissenschaftler eine neue Chipgeneration prognostizieren lässt.

Abb. 3: Kohlenstoff-Nanoröhrchen (Institut für Technikfolgen-Abschätzung der Österreichischen Akademie der Wissenschaften 2011)

Doch ein weitaus größeres Anwendungsfeld bedingen die mechanischen Eigenschaften dieser Nanoröhrchen. Diese besitzen eine 400-fach größere mechanische Zugfestigkeit als Stahl, wobei es um einiges leichter ist als Stahl (1/6 der Stahldichte). Diese Eigenschaften ermöglichen einen geringeren Materialaufwand bei gleicher Belastbarkeit und führen somit zu einem ressourcenschonenden Verbrauch von herkömmlichen (seltenen) Metallen. (Institut für Technikfolgen-Abschätzung der Österreichischen Akademie der Wissenschaften 2011). Allgemein ist der ressourcenschonende Verbrauch das Leitbild der Nanotechnologie. Die Entwicklung von nanobasierten Werkstoffen soll die Einsparung oder sogar Substitution von seltenen Rohstoffen gewährleisten. Diese Alternativen sollen die Abhängigkeit von Rohstofflieferungen von z.B. seltenen Erden, die überwiegend in unsicheren Regionen vorkommen (u.a. Demokratische Republik Kongo), minimieren, wenn nicht sogar ganz aufheben. Eine weitere ressourcenschonende Dimension in der Nanotechnologie wird im Recycling erreicht: Durch das sog. Nanokleben werden Produkte an ihrem Produktlebensende zusammengefügt und somit wird materialeffizient gehandelt. (Bundesministerium für Bildung und Forschung 2011b, S. 14ff.)

2.1.3 Potential im Energiesektor

Im Zeitalter der Energiedebatte werden überall Versuche unternommen, möglichst energieeffizient zu handeln oder sogar Verbesserungen in der Energiegewinnung zu entwickeln. Dabei könnte die Nanotechnologie ein zusätzlicher Schlüssel sein!

Es gibt viele Anwendungsbeispiele, wobei die Gebäudedämmung (siehe Abb. 4) und die effizientere Energiegewinnung bzw. -speicherung v.a. im Bereich der regenerativen Energien am lukrativsten erscheinen. Die BASF erforscht in diesem Zusammenhang an der Universität Straßburg Kunststoffschäume, die aus Poren bestehen, welche nur wenige hundert Nanometer klein sind. Durch diese geringe Größe wird das Zusammenstossen von Gasmolekülen verhindert und somit die Wärmeleitfähigkeit herabgesetzt. Durch solche Innovationen wird der Energieverbrauch der Gebäude deutlich gesenkt, was angesichts der Tatsache, dass ca. 40 % des Energieverbrauchs in

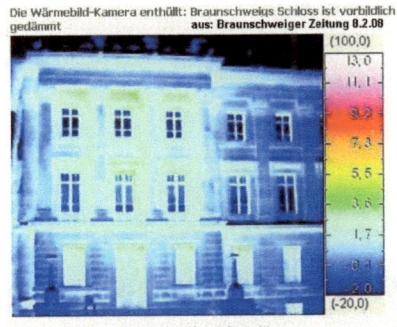

Deutschland auf Gebäude entfallen, nicht verachtenswert ist. Durch Altbausanierungen und den konsequenten Einsatz von Nano-Dämmstoffen können somit sowohl energie- als auch klimapolitische Ziele erreicht werden. (Bundesministerium für Bildung und Forschung 2011b, S. 13f.; Scherzberg & Wendorff 2008, S. 29f.;)

Abb. 4: Beispiel einer hervorragenden Dämmung (Fischer 2008)

Erneuerbare Energien stehen heutzutage vor einer großen Herausforderung: Kontinuität in der Versorgung! Diese kann bei keiner regenerativen Energie (Solarenergie, Windenergie, Wasserkraft etc.) gewährleistet werden und somit ist man auf Speichersysteme angewiesen, die derzeit aber noch nicht so effizient arbeiten, wie man es sich wünscht. Durch Nanotechnologie können diese Systeme unterstützt werden. Neben den Innovationen im Bereich der Lithium-Ionen-Batterien als Speicher sind v.a. Entwicklungen in der Solarenergie erwähnenswert. Hierbei sei als Beispiel die Farbstoffsolarzelle genannt, welche aufgrund von nanobasierten Bestandteilen nicht auf Silizium angewiesen ist. Die Solarzelle beinhaltet mit Farbstoffmolekülen besetzte Titandioxidnanopartikel, welche für die Ladungstrennung zuständig sind. Bei Lichteinfall setzen die Farbmoleküle Elektronen frei, die von den Titandioxidpartikeln aufgenommen werden und über sog. Redoxelektrolyte ihren Weg zur Elektrode finden. Da die Farbstoffmoleküle bei diesem Prozess arg in Mitleidenschaft gezogen werden, bedarf es einer Regeneration, welche durch das beinhaltete Elektrolyt (siehe Abb. 5) gewährleistet wird. Da es auch bei geringem Lichteinfall wenig Energieverlust aufweist, ist es theoretisch auch für Innenraumanwendungen möglich, während die Eigenschaft der Transparenz auch Fassadenfunktionen (siehe Abb. 6) zulässt und somit Farbstoffsolarzellen in Zukunft ein architektonisches Mittel darstellen können. (Fraunhofer Institut für Solare Energiesysteme Freiburg 2006, S. 3ff.; Hessisches Ministerium für Wirtschaft, Verkehr und Landesentwicklung 2008, S. 36ff.)

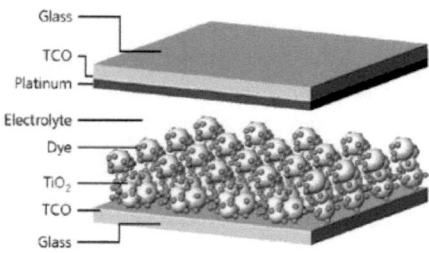

Abb. 5: Farbstoffsolarzelle mit Bestandteilen (Fraunhofer Institut für Solare Energiesysteme Freiburg 2006, S. 4)

Abb. 6: CSIRO-Standort in Newcastle/Australien mit Farbstoffsolarzellen an der Fassade (Fraunhofer Institut für Solare Energiesysteme Freiburg 2006, S. 14)

2.1.4 Umweltschutzpotential

Durch die bereits angesprochene Materialeffizienz und den daraus resultierenden geringeren Rohstoffverbrauch wird somit indirekt Umweltschonung betrieben, da bei Produktionsprozessen weniger Emissionen entstehen. Ein von der Bundesregierung in´s Leben gerufene Umweltschutzprogramm namens „NanoNature" soll nanotechnologische Innovationen in Bezug auf den Umweltschutz fördern. Hauptinteressensgebiete sind hierbei die Gewässer- und Luftreinigung, welche durch nanobasierte Filtertechnik und andere katalytische Verfahren verbessert werden soll. Neben der Bodensanierung ist in

Zeiten der Wasserknappheit v.a. auch die Trinkwasseraufbereitung ein sensibles Thema, welches durch Nanofilter durchaus entschärft werden könnte. (Bundesministerium für Bildung und Forschung 2011b, S. 15)

2.1.5 Ausblick

In Hinblick auf zukünftige Entwicklungen in unserer Gesellschaft, aber auch in der Wirtschaft, sind Prognosen von Personen wie Heinrich Rohrer, die eine neue Revolution sehen, keine Utopie! Die Nanotechnologie besitzt in zahlreichen Teilgebieten nahezu unendliche Potentiale, wobei v.a. in der Medizin und der Materialwissenschaft enorme Vorteile aus den nanotechnologischen Innovationen gezogen werden können, welche unseren Alltag in Gesellschaft und Wirtschaft erleichtern und uns nützen werden. Man stelle sich nur vor, dass Nanoroboter im menschlichen Körper nahezu jeden Krankheitsherd gezielt behandeln können! Dies hätte weltweit unvorstellbare Auswirkungen auf die Gesundheit der Menschheit. Aber auch die (Horror-)Vorstellung, wichtige Rohstoffe aufzubrauchen, könnte durch Substitution mittels Nanotechnologie und den neu entstehenden Werkstoffen auf Nanotubes-Basis wieder ad acta gelegt werden.

2.2 Risiken der Nanotechnologie

Mit dem rasanten Wachstum der Nanotechnologie werden auch kritische Stimmen lauter, die das zu hohe Risiko dieser Technologie anprangern. Schon heute beschäftigen sich viele wissenschaftliche Tagungen mit dem Risikopotential und was dieses für Auswirkungen auf Gesundheit und Umwelt haben könnte. Von vielen Seiten wird eine Regulierung und Überprüfung gefordert! (Scherzberg & Wendorff 2009, S. 59f.)

2.2.1 Auswirkungen auf die Gesundheit

Nanopartikel können nachweislich über drei Wege in den menschliche Körper gelangen: über die Atemwege, den Magen-Darmtrakt und die Haut. Während die Auswirkungen auf die Gesundheit bis heute nicht abschliessend geklärt werden konnte wird in letzter Zeit v.a. die Aufnahme durch die Haut diskutiert, da mit Nanotechnologie bearbeitete Hautcremes kritisch beäugt werden. (Scherzberg & Wendorff 2009, S. 61f.)

Ein von der ETH Zürich erforschter Mechanismus im menschlichen Körper in Wechselwirkung mit Nanopartikeln legte schwerwiegende Ergebnisse offen: Nanopartikel lösen oxidativen Stress aus, der in der Folge Zellen schädigen bzw. zerstören kann! Dabei wurden menschliche Lungenzellen untersucht, die unterschiedlichen Nanopartikeln ausgesetzt wurden. Zwar ist es entscheidend, welche chemische Zusammensetzung diese Teilchen haben, dennoch ist es möglich, dass von nanobasierten Produkten gesundheitsschädliche Reaktionen ausgelöst werden könnten, falls diese mit gefährlichen Nanopartikeln behandelt wurden.

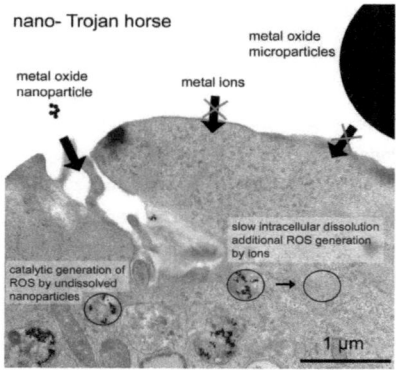

nano- Trojan horse

Während titanoxidhaltige Nanopartikel relativ ungefährlich sind, können kobaltoxid- bzw. manganoxidhaltige Teilchen den sog. oxidativen Stress auslösen, der mit Entzündungsreaktionen und anderen zellulären Schäden einhergeht. Dabei dringen Nanopartikel wie ein trojanisches Pferd in Zellen ein (siehe Abb. 7) und lösen somit eine Entzündungsreaktion aus. (Eidgenössische Technische Hochschule Zürich 2008)

Abb. 7: Eindringen von Nanopartikel in eine Zelle (Eidgenössische Technische Hochschule 2008)

Eine weitere beunruhigende Studie veröffentlichte die North Carolina State University in Raleigh: Nachdem Labormäuse mit Kohlenstoff-Nanoröhrchen (Carbo Nano Tubes, CNT) versetzte Luft inhalierten, untersuchten die Wissenschaftler das Lungengewebe der Mäuse, welches sog. Fibrosen aufwies. Fibrosen sind Anzeichen von Gewebeschädigungen. Nanoröhrchen wurden schon länger beobachtet, da Ähnlichkeiten zu Asbest bestanden und somit ein ernstzunehmendes Risiko besteht.

Weil man davon ausging, dass Nanoröhrchen weniger gefährlich sind als runde Nanopartikel ist die Studie aus den USA für zukünftige Entwicklungen im Bereich der Nanotechnologie wegweisend. Abgesehen davon, dass runde Nanopartikel nicht weniger beachtenswert sind, sind o.g. Nanoröhrchen v.a. in der Industrie ein geschätztes Material, da es kostensparend und effizient ist. Mit zunehmender Verwendung dieser Nanoröhrchen und der damit verbundenen Freisetzung von Nanopartikeln könnten diese in die Umwelt und so auf direktem Wege in den menschlichen Organismus gelangen. Gesundheitliche Schäden können nur vermutet werden, aber bereits bestehende Studien beweisen, dass ein durchaus ernstzunehmendes Risikopotential von der Nanotechnologie ausgeht, welches in Zukunft ohne Regulierung unüberschaubare Ausmaße annehmen könnte und somit unkontrollierbar werden könnte. (Spiegel Online 2009)

2.2.2 Auswirkungen auf die Umwelt

Betrachtet man Nanopartikel im Zusammenhang mit Umweltauswirkungen ist ein Parameter besonders beachtenswert: die Menge. Viele Metalloxide sind bereits in der Natur vorhanden und somit ist die Natur bis zu einer bestimmten Menge an diese Partikel angepasst. Wird diese Menge jedoch überschritten, könnte dies Auswirkungen auf die Natur haben. Auch andere mit Nanopartikel behandelte Produkte könnten toxische Wirkungen entfalten. (Scherzberg & Wendorff, S. 68f.)

Bestes Beispiel hierfür ist der Wasserfloh (siehe Abb. 8), welcher durch Nanotitandioxid beeinträchtigt wird. Eine in der Onlinezeitschrift „Plos One" veröffentlichte Studie aus Deutschland bestätigte bereits bestandene Befürchtungen. Wasserflöhe wurden unterschiedlich hohen Konzentrationen Nanotitanoxid ausgesetzt, welches in diesem Fall hoch toxisch wirkt. Diese Nanopartikel gelangen z.b. beim Abwaschen von Sonnencreme

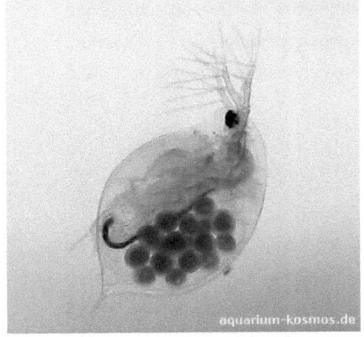

in den Wasserkreislauf. Die Teilchen verhindern das Häuten der Wasserflöhe, welches für ihr Wachstum nötig ist. Wird eine bestimmte Größe nicht erreicht, sind die Wasserflöhe nicht geschlechtsreif und können sich somit nicht vermehren. Doch welche Rolle spielt ein vermeintlich kleines nicht beachtenswertes in einem größeren System?

Abb. 8: Durch Nanotitanoxid geschädigt: der Wasserfloh (Aquarium Kosmos 2006)

Eine besonders große, wenn man bedenkt, dass der Wasserfloh ein ganzes Ökosystem (Wasser) beeinflusst. Wasserflöhe sorgen in Seen für reines Wasser, indem sie die dort ansässigen Algen verzehren. Ausserdem zählen Wasserflöhe zum Nahrungsangebot für zahlreiche Fische. Das Aussterben der Wasserflöhe hat somit direkte Auswirkungen auf die Fischpopulationen.

Ein lokales Beispiel für die Auswirkungen infolge von fehlenden Wasserflöhen ist aus der Schweiz bekannt: Am Brienzersee ging 1999 die Wasserflohpopulation zurück, worauf die Fischfänge zurückgingen, da einerseits die Fischpopulation zurückging und die restlichen Fische zu unterernährt waren (und somit zu klein), um in Netzen gefangen zu werden. (WOZ Die Wochenzeitung 2011)

Nanotechnologische Anwendungen finden ebenfalls in der Agroindustrie Verwendung. Bereits vorhandene Agrochemikalien auf dem Markt verseuchen heutzutage schon Äcker und Felder und werden durch Nanopestizide noch unterstützt. Als Folge stehen ökologische Schäden wie Boden- und Wasserverschmutzung, die die jeweiligen Ökosysteme beeinflussen. Infolge dieser Belastung leidet nicht nur die Flora, sondern auch die Fauna und somit wird die Biodiversität eines ganzen Ökosystems geschädigt. (Bund Freunde der Erde 2011)

2.2.3 Ausblick

Der Blick in die Zukunft lässt im Zusammenhang mit diesen Beispielen nichts Gutes hoffen. Die menschliche Gesundheit ist mit Nanomaterialien nachweislich in Gefahr gebracht und nur dem Profit wegen sollte man dieses Risiko nicht eingehen und zwangsläufig abwägen, wenn nicht ganz meiden. Werden nicht nur lokal, sondern überregional Wasserflohpopulationen ausgerottet, könnte dies weitreichende Folgen sowohl für Umwelt als auch Gesellschaft haben. Werden neben Auswirkungen auf Süsswasserökosysteme auch Folgen für Salzwasserökosysteme bekannt, sind die Ausmaße unermesslich. An der Fischerei hängen zahlreiche Existenzen und ganze Wirtschaftszweige, die durch nanorelevante Auswirkungen belastet werden können. Doch auch die Biodiversität ist in der Zukunft durch Nanotechnologie durchaus in Gefahr, sowohl zu Wasser als auch zu Land.

3 Biotechnologie

„..die Anwendung von Wissenschaft und Technik auf lebende Organismen, Teile von ihnen, ihre Produkte oder Modelle von ihnen zwecks Veränderung von lebender oder nichtlebender Materie zur Erweiterung des Wissensstandes, zur Herstellung von Gütern und zur Bereitstellung von Dienstleistungen" (OECD)(Bundesministerium für Bildung und Forschung 2008)

Diese Definition der Organisation für wirtschaftliche Zusammenarbeit und Entwicklung (OECD) klingt sehr allgemein und weitreichend, was aber unabdingbar ist, wenn man diese Technologie beschreiben will.

Die Biotechnologie ist ebenso wie die Nanotechnologie eine Querschnittstechnologie und beschäftigt sich nicht nur mit biologischen Begebenheiten, sondern auch mit Disziplinen wie Physik, Chemie und Verfahrenstechnik. Um die Biotechnologie zu gliedern, teilt man sie in Farben ein. Die bekanntesten Vertreter sind die rote Biotechnologie, welche sich mit den medizinischen Aspekten der Biotechnologie befasst, die weisse (Industrie) und die grüne (Landwirtschaft) Biotechnologie. Desweiteren kommen neuere Zweige wie die blaue (Meeresbiologie) und die schwarze (biologische Waffen) Biotechnologie hinzu.

Der Begriff Biotechnologie klingt innovativer als er es eigentlich ist, da Biotechnologie bereits vor über 2000 Jahren praktiziert wurde, als die Ägypter Bier und Sauerteig zu sich nahmen, welche erst durch den Einsatz von Hefepilzen herstellbar sind. Doch die moderne Biotechnologie konzentriert sich heutzutage nun nicht mehr nur auf einfache Pilze, sondern sieht die Molekularbiologie als Fundament für weitere Forschungen und Entwicklungen, wobei diese Periode bereits Ende des 19. Jahrhunderts begann und somit auch auf eine lange Geschichte voller Innovationen zurückblicken kann. Diese Innovationen sind zahlreich und können hier nur im beschränkten Maße näher gebracht werden. Bei der weiteren Untergliederung dieser Arbeit wird auf zwei Teilbereiche der

Biotechnologie eingegangen: Die rote Biotechnologie (mit ca. 47 % der deutschen Biotechnologie-Unternehmen der größte Sektor) und die weisse Biotechnologie (10 %). Als dritter Teilbereich wird im Unterpunkt „Risiken der weissen Biotechnologie" auch die schwarze Biotechnologie vorgestellt. (Biotechnologie-Debatte 2012; Bundesministerium für Bildung und Forschung 2008)

3.1 Weisse Biotechnologie

Während Anwendungen der roten bzw. grünen Biotechnologie schon länger in der Gesellschaft verankert sind, erfährt die weisse Biotechnologie erst in den letzten Jahren einen Aufschwung, der sich in Forschung und Entwicklung manifestiert. Dieser Zweig wird auch industrielle Biotechnologie genannt, wobei hierbei keine umweltschädlichen Produktionsschritte zu erwarten sind, sondern die Wirkmechanismen der Natur verwendet werden. Dazu gehören Mikroorganismen (u.a. Pilze und Bakterien) und Enzyme, welche bei der industriellen Produktion ökologisch und nachhaltig eingesetzt werden können. Die weisse Biotechnologie bedient sich sozusagen dem Potential der Natur. Als bekannteste Produkte der weissen Biotechnologie seien hier diverse Antibiotika und das im sich dem Ende neigenden fossilen Zeitalter oft erwähnte Ethanol. Aber auch viele andere Industriezweige profitieren von dieser Technologie, welche im Endeffekt der gesamten Gesellschaft zu Gute kommt: chemische Industrie, Textilindustrie, Lebensmittelindustrie, Umweltschutz u.v.m. . (Bundesministerium für Bildung und Forschung 2007, S. 6; Deutsche Gesellschaft für Chemisches Apparatewesen 2004, S. 5ff.; Eckert 2010, S. 62ff.)

3.1.1 Potentiale der weissen Biotechnologie

Die weisse Biotechnologie wird in Zukunft ein fester Bestandteil unseres Lebens sein! Viele Experten teilen diese Meinung und auch das Bundesministerium für Bildung und Forschung sieht offensichtlich das Potential, das von ihr ausgeht. Dies spiegelt sich in den letzten 5 Jahren in der finanziellen Förderung, die ca. 250 Millionen Euro betrug. Dabei wurden zwei Förderinitiativen in´s Leben gerufen: Initiative BioIndustrie 2021 und GenoMik Plus. Beide Programme sollen die Funktionen und Potentiale der weissen Biotechnologie erforschen und mögliche Innovationen hervorbringen. (Bundesministerium für Bildung und Forschung 2008, S. 2)

Man kann die weisse Biotechnologie in 3 Potentialebenen untergliedern: Biorohstoffe, Bioprozesse und Bioprodukte. Die einzelnen Ebenen können theoretisch verbunden werden, da z.B. Biomasse (Biorohstoff) mit Hilfe des Fermentationsprozess (Bioprozess) zu einem neuen Produkt umgewandelt werden kann. (Eckert 2010, S. 64ff.)

Im Folgenden sollen die einzelnen Potentialebenen der weissen Biotechnologie beispielhaft erläutert werden, wobei nur auf wenige Teilaspekte eingegangen werden kann.

3.1.1.1 Medizinisches Potential

Alexander Fleming war einer der ersten Forscher, der Biotechnologie im medizinischen Bereich angewendet hat. Er fand 1928 heraus, dass der Schimmelpilz „Penicillium notatum" einen Wirkstoff produziert, der krankheitserregende Bakterien abtötet. Während des 2. Weltkrieges war die Nachfrage so groß, dass die bis dahin geringe Produktion von Penicillin durch den Pilz nicht ausreichend war. Somit begab man sich auf die Suche nach einem neuartigen Pilz, der größere Mengen produzieren konnte. Dieser wurde nur durch Zufall auf einer verschimmelten Melone entdeckt: „Penicillium chrysogenum".

Mit Hilfe von natürlich vorkommenden Mikroorganismen kann im medizinischen Sektor und damit verbunden auch in der Pharmaindustrie ein enormer Vorteil aus der weissen Biotechnologie gezogen werden! Biotechnologische Verfahren bei der Herstellung von Medikamenten wie eben jenes Penicillin oder auch Insulin durch das Bakterium „Escherichia coli" erzielen hervorragende Ergebnisse. Bei letzterem Beispiel war jedoch eine Modifizierung des Bakteriums nötig, dass durch Eingriffe in das Genom möglich war. Bei vielen weiteren Mikroorganismen sind solche Veränderungen im Erbgut möglich bzw. notwendig.

Sog. Myxobakterien sind in Hinblick auf die biotechnologische Nutzung in der Pharmaindustrie am lukrativsten. Diese liefern im Rahmen ihres Stoffwechsels hochwirksame Substanzen, die bei der Behandlung diverser Krankheiten helfen könnten. Heutzutage sind bereits 500 solcher Stoffwechselprodukte bekannt, doch man geht von einer weitaus größeren Zahl aus und deshalb dauern die Forschungen an. Diese Stoffwechselprodukte sind Ausgangspunkt bei der Entwicklung zahlreicher Antibiotika

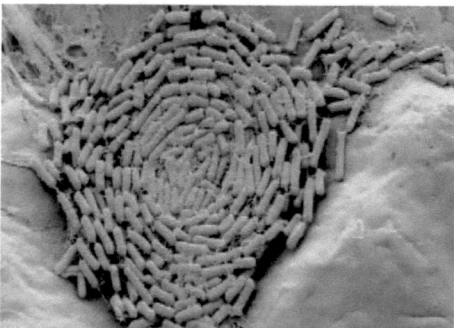

und sogar Krebsmittel. Forscher der Universität des Saarlandes haben das Genom des Myxobakteriums „Sorangium cellulosum" (siehe Abb. 9) entschlüsselt und hierbei einen Wirkstoff entdeckt, der heute schon in der Krebstherapie angewendet wird.

Abb. 9: Myxobakterium „Sorangium cellulosum" (Bundesministerium für Bildung und Forschung, S. 16)

Aufgrund dieser Entdeckung versucht man mithilfe der Erforschung einzelner Gene dieses Bakteriums weitere nützliche Wirkstoffe zu ermitteln. (Bundesministerium für Bildung und Forschung 2007, S. 14ff.)

3.1.1.2 Potential im Energiesektor

Im Hinblick auf das nahende Ende des fossilen Zeitalters sind Alternativen in der Energieversorgung gefragt. In den letzten Jahren werden die Diskussionen um die Nutzung von Biokraftstoffen immer lauter. Aber neben der Treibstoffgewinnung steht auch noch die Strom- bzw. Wärmegewinnung durch Biomasse mittels biotechnologischer Verfahren wie der Fermentation. Die Bundesregierung strebt an, bis 2050 die Hälfte des deutschen Energieverbrauchs durch regenerative Energieträger zu bewältigen. Biomasse und deren Verwendung ist in diesem Hinblick ein zukunftsträchtiges Anwendungsfeld. Hierbei haben Produkte wie Bioethanol und Biogas das größte Zukunftspotential.

Mittels Bioraffinerien wird aus nachwachsenden Rohstoffen (Bsp. Raps) mit biotechnologischen Verfahren Energie gewonnen. Allgemein basiert das Prinzip auf der vollständigen stofflichen und energetischen Nutzung. Das Bioethanol (C_2H_5OH), welches in Deutschland noch relativ selten Verwendung findet, wird durch Gärungsprozesse des Zuckers gewonnen. Dabei werden Zuckerrüben, Mais oder Getreide benutzt. Das gewonnene Ethanol kann entweder als reiner Treibstoff, aber auch als Beimischung zu konventionellen Treibstoffen (Bsp.: Biosprit E10) eingesetzt werden. Desweiteren wird bei der Verbrennung dieses Kraftstoffes nur der Anteil an Kohlenstoffdioxid emittiert, der beim Wachstum der Pflanze (Photosynthese) aufgenommen wurde und somit weist die Nutzung von Bioethanol eine weitaus bessere Kohlenstoffdioxid-Bilanz auf als die Nutzung konventioneller fossiler Energieträger.

Ein weiteres vielversprechendes Arbeitsfeld ist die Nutzung von Biogas. Dieses wird mittels Fermentation (siehe Kapitel 3.1.1.4) hergestellt. Dabei wird organisches Material (u.a. Mais und Klärschlamm) durch Mikroorganismen in Kohlenstoffdioxid und Methangas umgewandelt. 90% des Energiegehalts der Biomasse können durch diesen Prozess in Biogas verwandelt werden, welches in diesem Zustand als Energieträger genutzt werden kann. (Bundesministerium für Bildung und Forschung 2007, S. 28ff.; Deutsche Industrievereinigung Biotechnologie 2006; Eckert 2010, S. 65ff.)

3.1.1.3 Umweltschutzpotential

In einer globalisierten Welt, welche durch exorbitant hohen Ressourcenverbrauch und daraus resultierenden Emissionen gekennzeichnet ist, sind Verfahren, die den Umweltschutz vorantreiben zwingend nötig. Mikroorganismen sind in der Lage, Schadstoffe in der Luft abzubauen und in weniger gefährliche Stoffe wie Wasser umzuwandeln.

Eines der größten Probleme für die Umwelt ist die Ölverschmutzung sowohl im Grundwasser als auch in den Meeren. Sowohl natürlich vorkommende als auch genmanipulierte Mikroorganismen erzielen hervorragende Ergebnisse in der Ölbeseitigung (siehe Abb. 10). Das Helmholtz-Zentrum für Infektionsforschung hat ein Bakterium (Alcanivorax borkumensis SK2) entdeckt, welches Bestandteile von Schifföl abbauen kann. Weitaus effizienter arbeiten genmanipulierte Organismen! Der Biotechnologe Chakrabarty erschuf bereits 1981 eine Mikrobe, welche imstande war, Rohöl abzubauen. Seit der Patenterteilung ist es möglich, genetisch veränderte Lebensformen zu patentieren. Aber diese Entwicklung war nur eine von vielen, denn er forschte im Bereich Umwelttechnologie/Biotechnologie weiter und kreuzte sogar verschiedene Mikroorganismen, um eine höhere Funktionalität zu erreichen. Nach der Kreuzung von drei Bakterienstämmen war das „End-Bakterium" in der Lage, Octan, Campher, Xylen und Naphthalin abzubauen. Durch diese Eigenschaften können Ölteppiche theoretisch schneller abgebaut werden, als beim Einsatz einzelner Mikroorganismen, welche nur einen bestimmten Stoff abbauen können. (Eckert 2010, S. 47ff.)

Abb. 10: Aufwändige Arbeiten bei der Beseitigung von Ölteppichen (Helmholtz Zentrum für Umweltforschung 2009)

3.1.1.4 Biotechnologischer und chemischer Produktionsprozess im Vergleich

In der heutigen Industrie werden sowohl biotechnologische als auch chemische Prozesse angewendet. Durch die Biotechnologie nimmt der Anteil der chemischen Prozesse in manchen Sektoren merklich ab. Doch welcher Prozess ist effizienter? Diese Frage kann man nicht eindeutig beantworten, da man jeweilige Einsatzgebiete betrachten muss. Beide Prozesse können auch Hand in Hand gehen und somit ein Maximum an Effizienz erreichen. Beispiel hierfür ist die Herstellung des Schmermittels Kortison. Es wurde bereits in den 30er Jahren des 20. Jahrhunderts entdeckt, wobei aber die Produktion sehr aufwändig war. Chemiker entwickelten hierauf eine Prozesskette, welche 30 Schritte umfasste. Durch zusätzlichen Einsatz der Biotechnologie (Pilz: „Rhizopus arrhizus2) verkürzte sich dieser Prozess um 10 Schritte auf 20 Schritte und wurde somit effizienter und kostengünstiger. (Bundesministerium für Bildung und Forschung 2007, S. 17)

Als weiteres Beispiel in diesem Vergleich kann man die Vitamin-B2-Produktion erwähnen. Das Nahrungsergänzungsmittel Vitamin B2 (Riboflavin) findet v.a. in Lebens- aber auch in Arzneimitteln Verwendung. Hierbei kann man klar zwischen biotechnologischem und chemischem Verfahren unterscheiden. Um die Jahrtausendwende wurde die Substitution von chemischen Syntheseprozessen durch biotechnologische Verfahren immer deutlicher. (Eckert 2010, S. 45)

Eines der ersten Unternehmen, die diesen Wechsel vollzogen hat war die BASF. Schon 1990 stellte man das Vitamin B2 durch die sog. Fermentation her. Der Fermenter (siehe Abb. 11) ist eine Art großer Kessel, in dem verschiedene Nährstoffe und (wie in diesem Fall) Pilze bei erhöhter Temperatur biochemische Prozesse ausführen, die zum

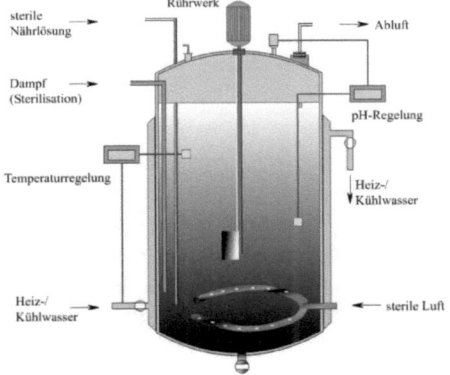

gewünschten Endprodukt (Vitamin B2) führen. Die BASF verwendet hierzu den Pilz „Ashbya gossypii", welcher für die jährliche Produktion von 1000 Tonnen Vitamin B2 verantwortlich ist und somit einen Weltmarktanteil von 25% nach sich zieht. (BASF 2012)

Abb. 11: Modell eines Fermenters (ChemgaPedia 2012)

Ein weiteres Unternehmen, das bei der Vitamin-B2-Produktion biotechnologische Prozesse anwendet ist die DSM Nutritional Products. Allerdings verwendet DSM keinen herkömmlichen, sondern einen genmanipulierten Mikroorganismus („Bacillus subtilis"). Durch den Einsatz dieses Bakteriums verkürzt sich die Vitaminproduktion von 8 Schritten (chemische Synthese) auf einen Schritt (Fermentation). Dadurch werden v.a. die Produktionskosten (40-50%) gesenkt, aber auch umweltrelevante Aspekte wie Abfallmenge (Reduktion um 95%), Ressourcenverbrauch (-60%) und CO_2-Emissionen (-30%) verdeutlichen den Fortschritt durch Biotechnologie. (Eckert 2010, S. 46f.)

3.1.1.5 Ausblick

In Zukunft ist mit Hilfe der weissen Biotechnologie eine innovative Substitution auf zwei Ebenen möglich: Einerseits die vollständige Substitution chemischer und synthetischer Produktionsprozesse durch einen biotechnologischen und umweltfreundlichen Prozess und andererseits die partielle Substitution fossiler Energieträger durch Biomasse-Verwendung und deren Verarbeitung. Letzteres ist wahrscheinlich noch grundlegender, da der Übergang von einem fossilen in ein postfossiles Zeitalter utopisch scheint, allerdings zwangsläufig zu besprechen ist. Die weisse Biotechnologie bietet eine passende Chance, um diesen Übergang zu erleichtern.

3.1.2 Risiken der weissen Biotechnologie

Wie jede Technologie besitzt die weisse Biotechnologie eine Kehrseite. Allerdings kann man das Risiko, das von dieser Technologie ausgeht differenzieren: Das Verwenden von weisser Biotechnologie auf friedlicher Basis und die Verwendung, um kriegerische Zwecke zu verfolgen. Von beiden Seiten geht eine nicht zu verachtende Gefährdung von Umwelt und Gesellschaft aus.

3.1.2.1 Unkontrollierte Freisetzung von Mikroorganismen

Bei der bereits oben erwähnten Überlegung, Mikroorganismen bei der Beseitigung von Ölteppichen einzusetzen, bedarf es der Freisetzung dieser in einem Ökosystem. Da es bisher allerdings nur Resultate gibt, die auf Laborversuchen basieren ist eine Einschätzung über mögliche Folgen in einem fremden Ökosystem unmöglich. Da die im Labor gezüchteten Mikroorganismen durch Genmanipulation auch noch eine gewisse Widerstandskraft aufgebaut haben, könnten diese Organismen ein Eigenleben entwickeln, selbst zu einer ökologischen Belastung werden und das Ökosystem, in dem sie ausgesetzt wurden erheblich beeinflussen. Von dieser fehlenden Kontrolle geht ein Risikopotential aus, das nur schwer zu verantworten ist. (Biotechnologie-Debatte 2012)

3.1.2.2 Verfolgung kriegerischer Absichten

Die Biowaffen-Konvention verbietet zwar ihren Einsatz, aber Bakterien und Viren scheinen für Terroristen eine geeignete Alternative zu herkömmlichen Waffen zu sein, da sie sowohl effizient als auch unauffällig ihre Wirkung entfalten. Den Einsatz von biologischen und krankheitserregenden Organismen (siehe Abb. 12) nennt man Schwarze Biotechnologie.

Abb. 12: Krankheitserreger könnten im Labor herangezüchtet werden (Greenpeace Magazin 2011)

Zeitgleich mit den Anschlägen am 11.September 2001 in den USA wurden Briefe verschickt, die den hochgiftigen Milzbranderreger enthielten. Die Folgen waren verheerend: 22 schwerwiegende Erkrankungen, 5 Todesfälle und über 200 Millionen Dollar finanzieller Aufwand, um den Schaden (u.a. Reinigung von Postämtern) vollständig auszugleichen.

Da heutzutage die Züchtung gefährlicher und tödlicher Organismen nur unter professionellen Laborbedingungen möglich ist, greifen Terroristen auch auf herkömmliche natürliche Erreger wie Salmonellen zurück, um mögliche Forderungen Nachdruck zu verleihen. (Biotechnologie-Debatte 2012) Allerdings wären einige Erreger in den falschen Händen mit weitreichenden Folgen verbunden. Der britische Biologe Malcolm Dando brachte das Gefährdungspotential der biologischen Waffen mit einem Zitat auf den Punkt: *„Die billigsten und effektivsten Waffen hat die Natur geschaffen."* Will man mit einer Atombombe 1 Quadratkilometer kontaminieren, benötigt man 800 Dollar, mit Biowaffen nur 1 Dollar! Eine H-Bombe von einer Megatonne Sprengkraft würde maximal 1,9 Millionen Menschenleben kosten, während 100 Kilogramm Milzbrandbakterien bis zu 3 Millionen Menschen töten könnten. (Greenpeace Magazin 2011)

3.1.2.3 Ausblick

Zukünftige Forschungen an neuartigen Bakterien und Viren könnten unkontrollierbare Mikroorganismen hervorbringen. Neben der vermeintlich friedlichen, aber dennoch unkontrollierbaren Freisetzung von Bakterien könnten Terroristen neue Wege finden, um tödliche Erreger auf Biotechnologie-Basis heranzuzüchten, um somit eine neue und gefährliche Dimension des Bio-Terrorismus zu erreichen. In solch einem Szenario wären etliche Menschenleben in Gefahr, wobei der Schuldige nur sehr schwer zu identifizieren wäre. (Biotechnologie-Debatte 2012) Doch nicht nur die offensichtlichen Risiken sollten Bedenken auslösen. Die Lösung der Energiefrage durch Biomasse ist mit der Nutzung von Nahrungsmitteln verbunden, wobei sich hier in Hinblick auf den Biosprit eine heikle Frage auftut: Teller oder Tank? Nahrungsmittel sollten nicht zur Energiegewinnung „missbraucht" werden!

3.2 Rote Biotechnologie

Die Rote Biotechnologie (medizinische Biotechnologie) beschäftigt sich wie bereits o.g. mit den medizinischen Möglichkeiten der Biotechnologie, wobei die Bezeichnung „rot" auf den roten Blutfarbstoff Hämoglobin hinweisen soll. Das Arbeitsfeld dieses Technologiezweiges umfasst Therapie- bzw. Diagnosemöglichkeiten auf Basis von Erforschungen am menschlichen Genom. V.a. die Gentechnik und ihr Potential, scheinbar unheilbare Krankheiten zu heilen, wird in letzter Zeit fieberhaft erforscht.

Mit der Erfindung des Mikroskops erhielt man neue Einblicke in kleine Organismen wie z.B. Mikroben und konnte auf diesem Weg Krankheitserreger näher untersuchen. Die erste bahnbrechende Innovation auf diesem Gebiet war das 1928 von Alexander Fleming entdeckte Antibiotikum Penicillin. Die moderne medizinische Biotechnologie basiert auf der Erforschung des menschlichen Genoms. Als dann schliesslich James Watson und Francis Crick 1953 die molekulare DNA-Struktur als Erbmolekül aufdeckten und im Jahr 2000 das gesamte menschliche Genom entschlüsselt wurde, war die Grundlage für zukünftige Forschungen geschaffen. (Bundesministerium für Bildung und Forschung 2008; LifeTecRuhr 2010)

Als Teilgebiete werden im Folgenden die Potentiale der roten Biotechnologie (Gentherapie, Stammzellenforschung und deren Möglichkeiten), aber auch potentielle Risiken, die von dieser Technologie ausgehen, besprochen.

3.2.1 Potentiale der roten Biotechnologie

„Endgültige Heilung des AIDS-Virus!" So könnte in 10 oder 20 Jahren eine Schlagzeile in allen Medien klingen. Heutzutage gibt es zahlreiche Krankheiten wie Krebs, Alzheimer oder Aids, deren Heilung unvorstellbar scheint. Durch innovative Forschungen im Bereich der roten Biotechnologie ist jedoch ein möglicher Heilsbringer gefunden. Die Erforschung des menschlichen Genoms und dessen Funktion, insbesondere in Hinblick auf die Funktionsweise mancher Krankheiten versprechen schon heute bahnbrechende Ergebnisse. Wenn man die für Erbkrankheiten verantwortlichen Gene isolieren und diese gezielt behandeln kann, bestehen berechtigte Hoffnungen auf positive Resultate. Auch die vieldiskutierte Stammzellenforschung könnte zu Innovationen im medizinischen Bereich führen, die heute bestehende Probleme in Zukunft verringern bzw. ganz vermeiden. (Biotechnologie-Debatte 2012)

3.2.1.1 Heilung bestimmter Krankheiten

Für die Heilung mancher Krankheiten, die im Erbgut ihre Quelle haben ist die Erforschung des Genoms und einzelner betroffener Gene unerlässlich. Nach der erfolgreichen Entschlüsselung des menschlichen Genoms konzentriert man sich nun deshalb auf die Funktionsweise mancher Krankheiten auf verschiedenen Genen.

In diesem Zusammenhang ist die Gentherapie zu nennen. Dies ist ein Therapieversuch, bei dem neues und (vermeintlich) verbessertes genetisches Material einem Körper zugeführt wird, wobei hiermit die Produktion eines therapeutischen Genprodukts oder die Bekämpfung einer für den Körper schädlichen Substanz bewirkt werden soll. Beide Beispiele sollen hier kurz erläutert werden. (Kaiser et al. 1997, S. 21ff.)

„Forscher züchten Marathon-Maus!" (siehe Abb. 13) Das war die Überschrift eines Artikels der National Geographic, das über die Ergebnisse von US-Forschern berichtete.

Dabei injizierten die Forscher Versuchsmäusen ein zusätzliches Gen, welches in wenigen Schritten zur gesteigerten Herstellung des wichtigen Botenstoffs Acetylcholin führte.

Acetylcholin ist ein Stoff, der die Nerven und Muskeln leistungsfähig macht. Je höher die Konzentration, desto leistungsfähiger war die Maus im Versuch.

Während unbehandelte Mäuse nur eine bestimmte Zeit im Laufrad aushielten, liefen behandelte Mäuse fast die doppelte Zeit durch. Da bereits ein Zusammenhang zwischen Acetylcholinmangel und manchen Krankheiten wie Muskeldystrophie, Alzheimer und Herzinsuffizienz bekannt ist, erhofft man sich durch die Behandlung mit den Genen eine

Heilungschance von Volkskrankheiten, da durch Injektion in den menschlichen Körper ähnliche Steigerungen erwartet werden, die z.B. einem an Muskeldystrophie erkrankten Menschen eine halbwegs normale Muskulatur gewährleisten. (National Geographic Deutschland 2012)

Abb. 13: Mehr Acetylcholin durch injiziertes Gen: „Marathon-Maus" (National Geographic Deutschland 2012)

Eine vielversprechende Heilungsmethode durch die rote Biotechnologie besteht auch in der Aids-Forschung. In Kooperation haben es das Dresdner Max-Planck-Institut für Zelluläre Biologie und das Hamburger Heinrich-Pette-Institut für Experimentelle Virologie und Immunologie geschafft, das Erbgut des Aids-Erregers aus einer Zelle zu entfernen. Durch diese Extraktion ist die Funktionsweise des Virus entschlüsselt. Nun forscht man an einer Möglichkeit, diesen Virus zielgerichtet zu bekämpfen. Dabei haben die Forscher in einer zwei Jahre andauernden Phase eine molekulare Schere entwickelt, die die Oberfläche des HI-Virus erkennt, sich anheftet und diesen von der Zelle entfernt. Dieses Verfahren wurde zwar erst im Labor getestet, soll aber auch für gentherapeutische Anwendungen für den Menschen weiterentwickelt werden. (Bundesregierung 2010)

3.2.1.2 Tissue Engineering

Das sog. „Tissue Engineering" ist die künstliche Züchtung von Gewebe oder Organen, welche bei Patienten transplantiert werden. Mit diesem Verfahren kann man Gewebeschäden behandeln, aber auch allgemein Heilungsprozesse unterstützen. Ein experimentelles Verfahren des Tissue Engineering ist das therapeutische Klonen (siehe Abb. 14).

Beim therapeutischen Klonen wird einem Patienten eine Körperzelle entnommen. Aus dieser wird der Zellkern extrahiert und in eine Eizelle ohne Kern injiziert. In dieser Phase wird das Embryonalstadium erreicht und nach etwa 2 Wochen entwickeln sich Keimbläschen (Blastozyten). In diesen sind die für diesen Vorgang relevanten embryonalen Stammzellen, welche sich in Blutzellen, Nervenzellen, Muskelzellen, aber auch bereits in komplexere Systeme wie Organe entwickeln. Auf der Basis dieses Verfahrens erhofft man sich, den Mangel an Spenderorganen in Zukunft zu verringern, wenn nicht aufzuheben. Dafür sind weitere Forschungen an embryonalen Stammzellen nötig, was jedoch aufgrund ethischer Bedenken weltweit umstritten ist, denn beim therapeutischen Klonen wird der Embryo zerstört. Allerdings werden die Gesetze in einigen Ländern zu Gunsten der Forschung angepasst. Großbritannien erteilte z.B. bereits im Jahr 2000 Forschern die Erlaubnis, bis zu 14 Tage alten menschlichen Embryonen Stammzellen zu entnehmen, welche für die Forschung verwendet werden können. Diese Stammzellen werden dann in der Forschung auf ihre Funktionsweise untersucht.

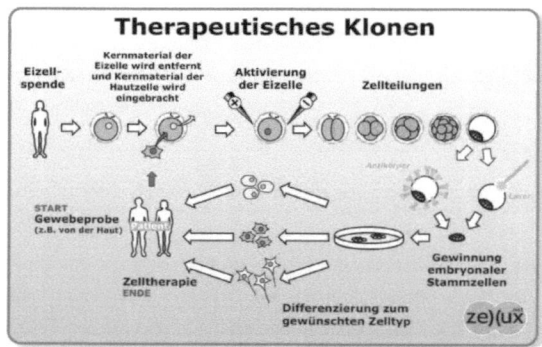

Abb. 14: Ablauf des therapeutischen Klonens (Max-Planck-Institut für molekulare Biomedizin (2012)

Doch Tierversuche lassen die Forscher hoffen, dass in Zukunft die Züchtung von Organen für kranke Patienten möglich ist, denn Versuche beweisen, dass die Herstellung

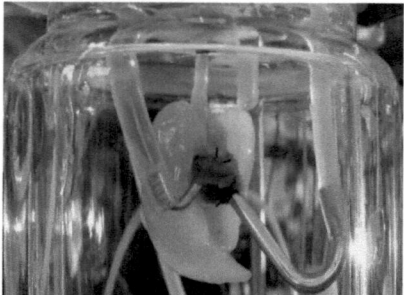

eines künstlichen Herzens oder Lungenflügels möglich ist: Dem Forscher Harald Ott und seinem Team in Boston ist es gelungen, ausschliesslich aus biologischen Komponenten einen künstlichen und funktionsfähigen Lungenflügel (siehe Abb. 15) in einer Maus zu implantieren.

Abb. 15: Künstlicher Lungenflügel einer Maus (Blawat 2010)

Zwar funktionierte das Organ nur 6 Stunden, aber aufgrund der Komplexität eines Lungenflügels und dessen geglückter Züchtung kann dies als Teilerfolg gewertet werden. (Blawat 2010; Bundesamt für Gesundheit 2012; Bundeszentrale für politische Bildung 2000, S. 1ff.)

3.2.1.3 Ausblick

Die Züchtung an sich klingt simpel, da man hierfür „nur" ein Gerüst aus Kohlenhydraten und Eiweissen benötigt, welches mithilfe von gesunden Zellen (Stammzellen) ummantelt wird und somit ein neues Organ aufgebaut werden kann. Falls es Forschern gelingt, die Funktionsweise und die Entwicklungsschritte von Stammzellen zur Entstehung bestimmter Organe zu identifizieren, könnte dies zu einer Revolution in der Transplantationsmedizin werden. Neben dem therapeutischen Klonen könnten die Heilungschancen mancher Krankheiten durch die rote Biotechnologie und insbesondere der Gentechnologie immens gesteigert werden, was auch das Milleniumsziel „Bessere Gesundheitsversorgung" unterstützt und somit allgemeine Verbesserungen im globalen Ausmaß antreibt.

3.2.2 Risiken der roten Biotechnologie

Die Risiken in der roten Biotechnologie bestehen hauptsächlich auf der Ebene der Ethik. Während andere Technologiefelder offensichtliche Risiken wie Umweltverschmutzung oder Krankheitserreger aufweisen, beschränkt sich das ausgehende Risikopotential bei der roten Biotechnologie auf moralethische Aspekte. Dabei werden v.a. die Stammzellenforschung, die pränatale Diagnostik und das sog. genetisches Screening angeprangert. Mögliche Probleme sollen im Folgenden aufgeführt werden, wobei ein allgemeingültiger Anspruch nicht gegeben werden kann, da es unterschiedliche Meinungsbilder zu den verschiedenen Bereichen gibt.

3.2.2.1 Ethische Problematik

Die Stammzellenforschung birgt enormes Konfliktpotential, da sowohl rechtliche und politische als auch ethische Bereiche berührt werden. Es gibt in Hinblick auf die Stammzellenforschung zwei Parteien, die gegenüberstehen: Auf der einen Seite die Personen, die menschliches Leben erst dann anerkennen, wenn es zur sog. Nidation, also der Einnistung des Embryos im Mutterleib, gekommen ist. Diese Einschätzung ist deswegen wichtig zu erwähnen, da wie bereits o.g. für die Stammzellenforschung Embryonen zerstört werden müssen. Die Gegenpartei definiert Leben bereits nach der Befruchtung der Eizelle, sei es im Labor oder nach der Nidation. Die Definition von Leben und die Entscheidungsgewalt über diese brisante Frage ist nur schwer zu fassen und es wird niemals zu einer einwandfreien Entscheidung kommen, da es in Hinblick auf diese

Frage zu viele verschiedene Meinungen gibt. Würde man aber letztere Definition von Leben akzeptieren, würde man für das Wohlergehen von Menschen oder die Möglichkeit, kranke Menschen zu heilen über das Leben von Embryonen stellen und deren Tod in Kauf nehmen. Dieses Problem ist in der Ethik als sog. „Trolley-Problem" (siehe Abb. 16) bekannt:

Abb. 16: Darstellung des Trolley-Problems (Le Quattro Stagioni 2010)

Das Gedankenspiel spielt sich auf einer Gleisanlage ab. Über den Gleisen verläuft eine Brücke. Auf den Gleisen liegen 5 Menschen, die in kürzester Zeit von einer unbemannten Strassenbahn (Trolley) überrollt werden würden. Auf der Brücke stehen 2 Menschen: Eine dünne Person und eine dicke Person. Würde die dünne Person die dicke Person von der Brücke auf das Gleis stossen, würde der dicke Mann von der Strassenbahn überrollt werden und die Strassenbahn entgleisen. Die 5 Personen jedoch, die vorher in Lebensgefahr schwebten sind gerettet. Ein Gedankenspiel, das so in etwa auch auf die Stammzellenforschung übertragbar ist. Nur würden in der Realität Krebskranke oder Menschen, die eine Organspende benötigen die 5 Personen repräsentieren und die eine dicke Person auf der Brücke wäre der während der Forschungen zerstörte Embryo. Die Entscheidungsgewalt liegt bei der dünnen Person, die in der Realität sowohl bei den Forschern, aber auch bei Politikern und Gesellschaft liegt. Diese schwere Entscheidung gilt es zu fällen, wobei keine Entscheidung richtig ist, weswegen man sich in einem Dilemma befindet, in welches man sich nur durch die Innovation der roten Biotechnologie begeben hat (Bundeszentrale für politische Bildung 2000, S. 2ff.; Häflinger 2011; Milverton 2008)

3.2.2.2 Diskriminierung Einzelner aufgrund genetischer Vorbelastung

Beim sog. „genetischen Screening" wird das Genom einer Person oder einer Personengruppe untersucht und auf etwaige Erbkrankheiten überprüft. Mit Hilfe dieses Verfahrens können besorgte Menschen, die Krankheitsfälle in der Familiengeschichte aufweisen, kontrollieren, ob sie ein erhöhtes Risiko haben, an derselben Krankheit zu erkranken. Allerdings können diese Ergebnisse nicht nur zur Aufklärung für besorgte Personen dienen, sondern auch missbraucht werden. Wenn Unterlagen über die

Ergebnisse eines solchen Screenings in den Besitz von zukünftigen Arbeitgebern gelangen, erfährt dieser, dass der jeweilige Arbeitnehmer potentiell krankheitsgefährdet ist und in Zukunft weniger Arbeitsleistung bringen könnte. Dies könnte zur Benachteiligung am Arbeitsplatz, wenn nicht zur endgültigen Kündigung führen. Aber auch in anderen Lebensbereichen könnte die Offenlegung der genetischen Veranlagung negative Folgen nach sich ziehen: Personen, die einen Antrag auf Lebens- bzw. Krankenversicherung stellen könnten vom System nur aufgrund der potentiellen (noch nicht eingetretenen) Erkrankung niedriger eingestuft werden und somit direkt gegenüber anderen Antragstellern diskriminiert werden. (Kaiser et al. 1997, S. 39f.)

3.2.2.3 Ausblick

Die Innovationen der roten Biotechnologie und insbesondere der Gentechnologie könnten im Bereich des therapeutischen Klonens die Grenzen überschreiten und das reproduktive Klonen an Menschen möglich machen. Es wird zwar in 10-20 Jahren keine Verhältnisse wie in Michael Bays Film „Die Insel" geben, in dem geklonte Menschen als Ersatzteillager für „normale" Menschen dienen, aber die Idee des Ersatzteillagers mit Hilfe von Stammzellenforschung überschreitet jegliche moralische Bedenkensgrenze, weshalb diese Technologie nur schwer vertretbar wäre.

4 Öffentliche Wahrnehmung von Zukunftstechnologien

Die Nano- und Biotechnologie sind zwei zukunftsweisende Technologien, die erst in den letzten Jahren mehr in das Bewusstsein der Bürger gelangt. Allerdings sind bezüglich des Bekanntheitsgrades noch gravierende Unterschiede zwischen den beiden Technologien erkennbar, da die Nanotechnologie in der Öffentlichkeit noch relativ unbekannt ist (Bentz 2011, S. 13). Für die weitere Entwicklung dieser Technologiefelder dürfte die Akzeptanz/Ablehnung der Gesellschaft eine enorme Rolle spielen. Im Folgenden soll auf die öffentliche Wahrnehmung beider Zweige eingegangen werden.

4.1 Öffentliche Wahrnehmung der Nanotechnologie

Die öffentliche Wahrnehmung einer Technologie ist immer vom Wissensstand der Gesellschaft abhängig. Das Wissen über Nanotechnologie in der Bevölkerung nahm in den letzten Jahren enorm zu, was der Vergleich zweier Studien aus zwei unterschiedlichen Jahren beweist. Eine von der komm.passion im Jahr 2004 durchgeführte Umfrage (1019 Befragte) zum Thema Nanotechnologie ergab, dass zu diesem Zeitpunkt der Begriff Nanotechnologie der Hälfte der Befragten völlig unbekannt war und nur 15 % den Begriff spezifizieren konnten (siehe Tab. 1). Dem gegenüber steht eine Studie des Bundesinstitut für Risikobewertung (1000 Befragte) aus dem Jahr 2007:

33 % der Befragten konnten den Begriff Nanotechnologie nicht einordnen, wobei aber über die Hälfte (52 %) den Begriff spezifizieren konnte. (Bundesinstitut für Risikobewertung 2008, S. 14)

Tab. 1: Vergleich zweier Studien bezüglich des Bekanntheitsgrades der Nanotechnologie

	2004 (komm.passion) n = 1019	2007 (BfR) n = 1000
Begriff unbekannt	48%	33%
Bekannt ohne Spezifizierung	30%	15%
Bekannt mit Spezifizierung	15%	52%

Eigene Darstellung nach Bundesinstitut für Risikobewertung 2008

In der Studie des Bundesinstitut für Risikobewertung wurde darauf geachtet, dass ein Querschnitt durch die Gesellschaft geschaffen wird und somit setzte sich die Teilnehmerzahl aus allen Altersgruppen von 16 – 60 Jahren zusammen, wobei auch Personen mit unterschiedlich hohem Bildungsstand (Hauptschule, Realschule, Hochschule etc.) befragt wurden. (Bundesinstitut für Risikobewertung 2008, S. 12)

Die Spezifizierungen bezogen sich v.a. auf die Miniaturisierung und die Oberflächenbehandlung durch Nanopartikel. Auf die Frage, in welchen Produkten man Nanopartikel akzeptieren würde wurde überwiegend die Behandlung auf Oberflächen bzw. Textilien genannt, während der Einsatz in Lebensmittel oder andere den Alltag direkt betreffende Produkte (z.B. Kosmetika) weniger akzeptiert werden würde. Diese Tendenz setzt sich auch in der Frage nach dem Nutzen der Nanotechnologie fort: Nanopartikel in Lebensmitteln werden als nahezu nutzlos angesehen, während das medizinische Potential und das Einsatzgebiet der Umwelttechnologie als besonders nutzvolle Möglichkeiten angesehen werden. (Bundesinstitut für Risikobewertung 2008, S. 13ff.)

Auf die abschliessende Frage, wie man das Verhältnis zwischen Nutzen und Risiko bewerten würde, reagierten die Teilnehmer relativ positiv gestimmt. 68 % der Befragten bewerten den Nutzen höher als das Risiko (siehe Abb. 17). V.a. Männer und Hochschulabsolventen sehen in der Nanotechnologie ein enormes Potential, welches in Zukunft genutzt werden kann.

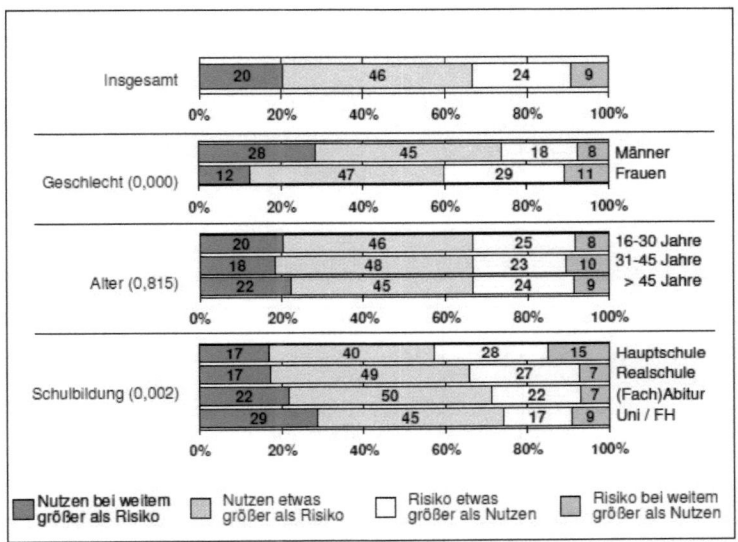

Abb. 17: Ergebnisse der BfR-Studie zum Nutzen/Risiko der Nanotechnologie (Bundesinstitut für Risikobewertung 2008, S. 16)

4.2 Öffentliche Wahrnehmung der roten Biotechnologie

Keine andere Technologie birgt so viel Diskussionspotential wie die rote Biotechnologie, da sie unter moralethischen Aspekten die menschliche Gesundheit betrifft. Stammzellenforschung und Gentherapie sind die kontroversesten Teilbereiche der roten Biotechnologie. Die Europäische Kommission hat im Rahmen des Programms „Strategie Europa 2020" eine Studie in Auftrag gegeben, die das aktuelle Meinungsbild der europäischen Gesellschaft über die Biotechnologie repräsentieren soll. Dargestellt werden soll v.a. die Grundstimmung in Europa zu dem Thema, aber auch der Vergleich verschiedener Länder. (Europäische Kommission 2010, S. 3)

Die o.g. Gentherapie wird im gesamteuropäischen Ergebnis größtenteils befürwortet (siehe Ergebnisse (Gentherapie)). Dabei sind auch Abstufungen durch bestimmte gesetzliche Bestimmungen möglich. Nur ein kleiner Teil lehnt die Gentherapie kategorisch ab. (Europäische Kommission 2010, S. 139)

Unter den einzelnen Ländern befürworten v.a. Spanien und Belgien die Gentherapie (siehe Tab. 2), während Österreich und Deutschland den größten Anteil an Ablehnung aufweisen. Einzig die Türkei fällt mit einem ausgeglichenen Ergebnis aus dem Raster, da hier die 3 Antwortmöglichkeiten (Befürwortung, Ablehnung, Weiss nicht) relativ ausgeglichen vorkommen. (Europäische Kommission 2010, S. 140)

Ergebnisse (Gentherapie)

Totale Befürwortung ohne besondere gesetzliche Bestimmungen:	11%
Befürwortung mit besonderen gesetzlichen Bestimmungen:	52%
Befürwortung unter ganz besonderen Umständen:	18%
Ablehnung:	11%
Weiss nicht:	8%

Tab. 2: Studie zur Akzeptanz der Gentherapie in ausgewählten Ländern

	Befürwortung	Ablehnung	Weiss nicht
Spanien	77%	15%	8%
Belgien	77%	20%	3%
Österreich	37%	58%	5%
Deutschland	43%	52%	5%
Türkei	49%	26%	25%

Eigene Darstellung nach Europäische Kommission 2010, S. 140

Die Stammzellenforschung weist bezüglich der Akzeptanz ebenfalls eine deutliche Streuung auf, wobei sich in dieser Kategorie Spanien, Belgien und Norwegen als größte Befürworter herausstellten (siehe Tab. 3.). Deutschland und Österreich sind auch in Bezug auf die Stammzellenforschung sehr negativ eingestellt. (Europäische Kommission, S. 133

Ergebnisse (Stammzellenforschung)

Totale Befürwortung ohne besondere gesetzliche Bestimmungen:	12%
Befürwortung mit besonderen gesetzlichen Bestimmungen:	51%
Befürwortung unter ganz besonderen Umständen:	17%
Ablehnung:	13%
Weiss nicht:	7%

Tab. 3: Studie zur Akzeptanz der Stammzellenforschung in ausgewählten Ländern

	Befürwortung	Ablehnung	Weiss nicht
Dänemark	76%	22%	2%
Island	76%	22%	2%
UK	76%	19%	5%
Österreich	38%	57%	5%
Deutschland	48%	48%	4%
Türkei	42%	31%	27%

Eigene Darstellung nach Europäische Kommission 2010, S. 133

In beiden Umfragen kristallisiert sich heraus, dass keine dieser Technologien eine umfangreiche Rückendeckung erfährt. Allerdings gibt es auch nur einen geringen Anteil, der diese Zukunftstechnologien kategorisch ablehnt. Diese Verteilung zwischen Akzeptanz/Ablehnung könnte zwei Ursachen haben: einerseits eine fehlende Aufklärung, welche möglicherweise durch Konzentration auf Forschung und Entwicklung und deren direkte Auswirkungen auf die Industrie ausgelöst werden konnte. Andererseits eine sich manifestierende Unsicherheit gegenüber den Technologien, da eben dieses Wissen in der Bevölkerung fehlt und man zwangsweise unbeholfen in eine ungewisse Zukunft blicken muss.

5 Wie soll in Zukunft mit neuen Technologien umgegangen werden? Der gewissenhafte Umgang mit Zukunftstechnologien

„Sobald eine Technik existiert, ist es schwer, sie nicht anzuwenden." (Thomas Schlich)(Bundeszentrale für politische Bildung 2000) Die Aussage des Medizinhistorikers Thomas Schlich bringt die Problematik der Technikanwendung auf den Punkt: Allein das Vorhandensein einer Technologie führt eigentlich zwangsweise zu ihrer praktischen Anwendung, auch wenn man damit mögliche negative Folgen auslöst. Der Nutzen scheint im Auge des Betrachters das Risiko immer zu übertreffen. Doch diese Theorie stimmt nur bedingt und somit ist es notwendig, die neue Technologie in ihren Grundfesten zu überprüfen und objektiv zu analysieren, welche Folgen (sowohl positiv als auch negativ) diese für die Gesellschaft haben könnte. Das in Kapitel 1 angeführte

Zitat von Peter Bamm fordert eine „moralische Instanz", wobei diese Formulierung etwas überholt klingt. Vielmehr ist in Zukunft eine politische und rechtliche Regulierung nötig, welche eine Untersuchung des jeweiligen Technologiefeldes verbindlich macht und somit zur sicheren Nutzung einer innovativen Technologie beiträgt. Die angesprochenen Zukunftstechnologien (Nano- bzw. Biotechnologie) sind in diesem Zusammenhang moderne Arbeitsfelder, welche möglicherweise einer modifizierten und akribischeren Untersuchung bedürfen. Nach einer umfassenden Analyse sollten die Ergebnisse eine Leitlinie darstellen, woran sich Wirtschaft, Politik und Gesellschaft orientieren können. Zur weiteren Orientierung sollten die Inhalte oder zumindest Grundlagen der Zukunftstechnologien der Bevölkerung näher gebracht werden, damit sich der gemeine Bürger gegebenenfalls damit identifizieren kann, bzw. der Technologie ablehnend begegnen kann. In einem weiteren Schritt sollten alle Produkte, die in einem nano- bzw. biotechnologischen Produktionsprozess entstanden sind, gekennzeichnet werden, um somit eine Transparenz zu schaffen. Dieses Verfahren sollte die Unwissenheit bzw. Verunsicherung aufbrechen und zu einer erhöhten Akzeptanz führen. Allein die Analyse der roten Biotechnologie benötigt im wahrsten Sinne des Wortes eine moralische Instanz. Für ethische Fragen (z.B. in Zusammenhang mit der Stammzellenforschung) sollten zumindest anerkannte Wissenschaftler aus betroffenen Teilgebieten (Medizin, Biologie, Theologie, Philosophie etc.) einen Ethikrat bilden, in dem grundsätzliche Fragen zur roten Biotechnologie bzw. Gentechnologie besprochen werden. Für eine Festlegung auf verbindliche Gesetze in diesem Arbeitsfeld fehlt meiner Meinung allerdings das Recht. Nicht im politischen oder juristischen Sinne, sondern im moralethischen Zusammenhang. Denn die Entscheidung über Leben und Tod und das Eingreifen in diese Entscheidung mit Hilfe von Technologie übersteigt unseren ethischen Handlungsspielraum und ermöglicht zudem keine plausible Argumentation (ohne Eingeständnisse) für oder gegen eine Entscheidung.

Abschliessend kann man konstatieren, dass jede Technologie eine eingangs schon erwähnte Dichotomie besitzt, welche nach gesundem Menschenverstand beurteilt werden sollte. Man sollte nicht blind jeder Technologie trauen, aber dennoch ist es für den Fortschritt einer Gesellschaft notwendig, seine erreichten Innovationen alltagstauglich zu machen und diese in Prozesse in Wirtschaft und Gesellschaft zu integrieren. Das Zukunftspotential beider vorgestellten Technologien (Nano- bzw Biotechnologie) ist durchaus gegeben, wird aber durch die Risiken relativiert. Der Profitgedanke sollte im Hinblick auf die Nutzung dieser Potentiale allerdings nicht über dem Allgemeinwohl der Gesellschaft stehen!

Literaturverzeichnis

Aquarium Kosmos (2006): Der gemeine Wasserfloh Daphnia Pulex Pulex.
http://www.aquarium-kosmos.de/inhalt/29/der-gemeine-wasserfloh-daphnia-pulex-pulex (20.03.2012)

BASF (2012): Fermentation.
http://www.basf.com/group/corporate/de/products-and-industries/biotechnology/white-biotechnology/fermentation (25.03.2012)

Ben E.-R., Erlemann M., Lucht P. [Hrsg.] (2010): Technologisierung gesellschaftlicher Zukünfte. Nanotechnologien in wissenschaftlicher, politischer und öffentlicher Praxis. Freiburg.

Bentz, M. (2011): Konflikte und ihre Bedeutung für Innovation. Eine Feldstudie auf dem Gebiet der Nanotechnologie. Tectum Verlag. Berlin

Biotechnologie-Debatte (2012): Biotechnologie allgemein.
http://www.biotechnologie-debatte.de/index.php?id=92 (22.03.2012)

Blawat, K. (2010): Künstliche Lunge. Das gezüchtete Organ
http://www.sueddeutsche.de/wissen/kuenstliche-lunge-das-gezuechtete-organ-1.975072 (26.03.2012)

Bundesamt für Gesundheit (2012): Tissue Engineering.
http://www.bag.admin.ch/transplantation/00698/02594/index.html?lang=de (26.03.2012)

Bundesinstitut für Risikobewertung (2008): Wahrnehmung der Nanotechnologie in der Bevölkerung. Repräsentativerhebung und morphologisch-psychologische Grundlagenstudie. Berlin.

Bundesministerium für Bildung und Forschung (2007): Weisse Biotechnologie. Chancen für neue Produkte und umweltschonende Prozesse. Berlin

Bundesministerium für Bildung und Forschung (2008): Was ist Biotechnologie? Berlin.
http://www.biotechnologie.de/BIO/Navigation/DE/Hintergrund/basiswissen,did=797 64.html (22.03.2012)

Bundesministerium für Bildung und Forschung (2011a): Nanotechnologie – eine Zukunftstechnologie mit Vision. Berlin
http://www.bmbf.de/de/nanotechnologie.php (18.03.2012)

Bundesministerium für Bildung und Forschung (2011b): Aktionsplan Nanotechnologie 2015. Berlin

Bundesministerium für Ernährung, Landwirtschaft und Verbraucherschutz (2012): Nanotechnologie: Antworten auf oft gestellte Fragen.
http://www.bmelv.de/SharedDocs/Standardartikel/Verbraucherschutz/Produktsiche rheit/Nano/FAQNanotech.html#doc379830bodyText1 (20.03.2012)

Bundesministerium für Sicherheit und Informationstechnik (2003): Der Blick in die Zukunft.
https://www.bsi.bund.de/ContentBSI/Publikationen/Jahresberichte/jahresbericht_20 03/41_Trends.html (18.03.2012)

Bundesregierung (2010): Diagnose und Therapie durch „rote" Biotechnologie. Berlin.
http://www.bundesregierung.de/Content/DE/Artikel/WissenschafftWohlstand/2007-08-20-hightech-strategie-biotech-rote.html (26.03.2012)

Bundeszentrale für politische Bildung (2000): Menschliche Embryonen als Ersatzteillager? Bonn

Bundeszentrale für politische Bildung (2009): Kondratieff-Zyklen.
http://www.bpb.de/popup/popup_lemmata.html?guid=K2YUBR (18.03.2012)

Bund Freunde der Erde (2011): Wie zukunftsfähig sind Nanotechnologien?
http://www.bund.net/themen_und_projekte/nanotechnologie/ethische_fragen/zukun ftsfaehigkeit/ (20.03.2012)

ChemgaPedia (2012): Modell eines Fermenters.
http://www.chemgapedia.de/vsengine/vlu/vsc/de/ch/8/bc/vlu/biokatalyse_enzyme/al kohol_adh.vlu/Page/vsc/de/ch/8/bc/biokatalyse/fermenter.vscml.html (25.03.2012)

Deutsche Gesellschaft für Chemisches Apparatewesen (2004): Weiße Biotechnologie: Chancen für Deutschland. Frankfurt am Main

Deutsche Industrievereinigung Biotechnologie (2006): Weiße Biotechnologie. Ökonomische und ökologische Chancen. Berlin
http://www.umweltdaten.de/publikationen/fpdf-l/3260.pdf (26.03.2012)

Eckert R. (2010): Weisse Biotechnologie als Antriebskraft für wirtschaftlichen Aufschwung. Empirische Analyse der Bestimmungsfaktoren der Entstehung und Entwicklung einer jungen technologieorientierten Branche. Würzburg.

Eidgenössische Technische Hochschule Zürich (2008): Metallhaltige Nanopartikel stressen Zellen.
http://www.ethlife.ethz.ch/archive_articles/080402-bestpaper/index (20.03.2012)

Europäische Kommission (2010): Eurobarometer Spezial. Biotechnologie. Brüssel

Fauth S. (2009): Nanotechnologie in der Medizin. Nano-Krebstherapie: Hyperthermie und Thermoablationsverfahren.
http://svenfauth.suite101.de/nanotechnologie-in-der-medizin-a64806 (21.03.2012)

Fischer K. (2008): Was an gedämmten Fassadenflächen wirklich passiert.
http://www.konrad-fischer-info.de/2134bau.htm (21.03.2012)

Focus Online (2012): Nanoroboter zerstören Krebszellen.
http://www.focus.de/gesundheit/ratgeber/krebs/news/krebs-dna-nanoroboter-zerstoert-krebszellen-_aid_714740.html (21.03.2012)

Fraunhofer Institut für Solare Energiesysteme Freiburg (2006): Nanotechnologie für Farbstoffsolarzellen in der Gebäudetechnik. Düsseldorf

Greenpeace Magazin (2011): Leiser Tod aus dem Labor.
http://www.greenpeace-magazin.de/index.php?id=3958 (25.03.2012)

Häflinger, J. (2011): Biotechnologie: Forschung. Luzern
http://www.sgci.ch/plugin/article/sgci/17153?size=303384&selected_language=de
(26.03.2012)

Helmholtz Zentrum für Umweltforschung (2009): Bioverfügbare Schadstoffe stammen
von der Exxon-Valdez-Ölkatastrophe.
http://www.ufz.de/index.php?de=18580 (25.03.2012)

Hessisches Ministerium für Wirtschaft, Verkehr und Landesentwicklung (2008): Einsatz
von Nanotechnologien im Energiesektor. Wiesbaden

Institut für Technikfolgen-Abschätzung der Österreichischen Akademie der
Wissenschaften (2011): Kohlenstoff-Nanoröhrchen (Carbon Nanotubes) – Teil I:
Grundlagen, Herstellung, Anwendung. Wien.
http://epub.oeaw.ac.at/ita/nanotrust-dossiers/dossier022.pdf (21.03.2012)

Kaiser G., Rosenfeld E., Wetze-Vandai K. [Hrsg.] (1997): Bio- und Gentechnologie-
Anwendungsfelder und wirtschaftliche Perspektiven. Campus Verlag. Frankfurt am
Main/New York

Le Quattro Stagioni (2010): Trolley Problem.
http://lequattrostagioni.wordpress.com/2010/03/03/trolley-problem/ (26.03.2012)

LifeTecRuhr (2010): Rote Biotechnologie
http://lifetecruhr.de/rote-biotechnologie/ (22.03.2012)

Max-Planck-Institut für molekulare Biomedizin (2012): Kerntransfer – Therapeutisches
Klonen.
http://www.zellux.net/m.php?sid=56 (26.03.2012)

Milverton, S. (2008): Wider die Vernunft – Das Trolley-Problem.
http://www.stevenmilverton.com/2008/01/20/wider-die-vernunft-das-trolley-
problem/ (26.03.2012)

Ministerium für Ländlichen Raum und Verbraucherschutz Baden- Württemberg (2011):
Nanotechnologie – Verbraucherwahrnehmung und verbraucherpolitische
Handlungspotentiale.
http://www.verbraucherportal-bw.de/servlet/PB/menu/1328264_l1/index.html
(18.03.2012)

National Geographic Deutschland (2012): Forscher züchten Marathon-Maus.
http://www.nationalgeographic.de/aktuelles/forscher-zuechten-marathon-maus
(26.03.2012)

Nefiodow L. (2010): Kondratieff.
http://www.kondratieff.net/19.html (18.03.2012)

Scherzberg A., Wendorff J. H. [Hrsg.] (2009): Nanotechnologie. Grundlagen,
Anwendungen, Risiken, Regulierung. Berlin

Spiegel Online (2009): Experiment an Mäusen. Nanoröhrchen schädigen Lungengewebe. http://www.spiegel.de/wissenschaft/mensch/0,1518,657367,00.html (20.03.2012)

VNR Verlag für die Deutsche Wirtschaft AG (2012): Technologie. http://www.zitate.de/kategorie/Technologie/ (18.03.2012)

WOZ Die Wochenzeitung (2011): Giftiges Nanomaterial. Bringt die Sonnencreme dem Wasserfloh den Tod? Zürich. http://www.woz.ch/1125/giftiges-nanomaterial/bringt-die-sonnencreme-dem-wasserfloh-den-tod (20.03.2012)